JEAN BÉLUS
Philosophe hermétique

TRAITÉ des RECHERCHES

pour la découverte
des personnes disparues, des enfants, animaux et objets
PERDUS ou VOLÉS

Moyens certains pour connaître le lieu où ils se trouvent, ainsi que le signalement des voleurs et l'endroit où ils se cachent.

Chapitre spécial pour découvrir la provenance des
LETTRES ANONYMES

ÉTUDE SUR LA RECHERCHE DES TRÉSORS CACHÉS

MÉTHODE MAGIQUE RATIONNELLE

PARIS (VIe)
LIBRAIRIE GÉNÉRALE ET INTERNATIONALE
G. FICKER
6, Rue de Savoie, 6

1911

Au Maître Julevno.

Traité des Recherches

JEAN BÉLUS

Philosophe hermétique

TRAITÉ des RECHERCHES

pour la découverte

des personnes disparues, des enfants, animaux et objets

PERDUS OU VOLÉS

Moyens certains pour connaître le lieu où ils se trouvent, ainsi que le signalement des voleurs et l'endroit où ils se cachent.

Chapitre spécial pour découvrir la provenance des

LETTRES ANONYMES

ÉTUDE SUR LA RECHERCHE DES TRÉSORS CACHÉS

MÉTHODE MAGIQUE RATIONNELLE

PARIS (VIe)

LIBRAIRIE GÉNÉRALE ET INTERNATIONALE

G. FICKER

6, RUE DE SAVOIE, 6

1911

PRÉFACE

La publication de cet ouvrage pourra faire naître quelque surprise parmi ceux qui connaissent mes précédentes critiques concernant le côté empirique et fantaisiste de la tradition astrologique.

J'ai souvent répété que les astres sollicitent sans obliger, que leurs influences sont diversement reçues par chacun et qu'il en résulte des effets relatifs à la nature particulière de chaque individu.

Cependant, je dois reconnaître que la plupart des hommes sont moralement si près du plan instinctif, qu'ils sont tellement inconscients des causes supérieures, que fort peu d'entre eux échappent aux sollicitations astrales, car leur passive impersonnalité les confond en un troupeau banal, uniforme et neutre, qui, semblable

PRÉLIMINAIRES

L'astrologie comprend sept planètes et douze signes zodiacaux (1). La Terre, considérée comme étant le centre du monde, le Soleil et la Lune sont classés parmi les planètes. Chaque planète évolue autour de la Terre à des distances et à des vitesses différentes et chacune d'elles passe tour à tour dans chaque signe zodiacal. Toutes les planètes suivent le même chemin, qui est la ceinture du Zodiaque. Cette ceinture est divisée en 360 degrés et chaque signe zodiacal mesure 30° de longitude céleste. Certaines distances séparant les planètes entre elles, sont vibratoires et leurs effets sont bons ou mauvais, selon que la vibration est harmo-

(1) Nota. — Toutefois, nous parlerons d'Uranus et de Neptune plus récemment découvertes et que l'on commence à mieux connaître

nique ou dissonante. Quand, dans un même signe, deux planètes sont au même degré, elles sont dites en *conjonction*. Cet aspect est bénéfique si les planètes qui le forment sont de nature semblable ; il est maléfique si les planètes sont de nature opposée.

Si deux planètes sont distantes l'une de l'autre de 60° (deux signes), elles sont dites en *sextile*. Cet aspect est légèrement bénéfique et ne devient maléfique que si les deux planètes sont très mauvaises ou infortunées.

Quatre-vingt-dix degrés séparant deux planètes forment un *carré*. Cet aspect est maléfique et seul, le bon accord de nature des planètes peut l'améliorer.

Cent vingt degrés séparant deux planètes forment un *trigone*. Cet aspect est très bénéfique et il faut que les planètes soient vraiment ennemies pour le maléficier.

Cent trente-cinq degrés séparant deux planètes forment un *sesqui-carré*. Cet aspect est maléfique de sa nature.

Deux planètes exactement opposées l'une à l'autre (180°) sont dites en *opposition*.

Cet aspect est très maléfique et peu susceptible d'amélioration.

Glossaire astrologique et abréviations

Angles. — Pointes des maisons I, IV, VII et X.

Angulaire. — Situation d'une planète près d'un angle. Cette position augmente sa puissance.

Ascendant. — S'écrit AS. La pointe de la maison I, et cette maison ; le point oriental de l'horizon.

Bénéfique. — Dont la nature est bienfaisante.

Combuste. — Planète située à moins de 8° 30' du Soleil, son influence est absorbée partiellement.

Descendant. — S'écrit Oc[t]. La pointe de la maison VII, le point occidental de l'horizon.

Écliptique. — Le chemin circulaire que semble parcourir le Soleil autour de la Terre et qu'entoure le Zodiaque.

Infortuné. — Planète en exil, chute, ou mal située, ou mal aspectée.

Horizon. — Ligne qui part du point AS et aboutit au point Oc[t].

Latitude. — Distance Nord ou Sud d'une planète à l'écliptique (Lat.).

Longitude. — Distance mesurée sur l'écliptique à partir de 0° du Bélier (Long).

Luminaires. — Se dit du Soleil et de la Lune.

Maître ou Seigneur. — Dignité ou maîtrise d'une planète sur ses domiciles ou sur la maison occupée par l'un de ses domiciles ou son exaltation.

Maléfique. — Dont la nature est malfaisante.

Méridien. — La ligne qui part de la pointe de la maison X ou M.C. et qui aboutit à la pointe de la maison IV ou F.C.

Pointe. — Le point d'où part une maison ; sa limite est la pointe de la maison suivante. La nature des maisons est beaucoup plus active près de leur pointe, ou commencement.

Significateur. — Planète qui représente par analogie une personne, un objet, un lieu ou une particularité de la vie.

Temps sidéral. — S'écrit T. S

Figure des douze signes zodiacaux

1. — *Bélier* ♈, opposé à *Balance* ♎. — 7.
2. — *Taureau* ♉, — *Scorpion* ♏. — 8.
3. — *Gémeaux* ♊, — *Sagittaire* ♐. — 9.

4. — *Cancer* ♋, opposé à *Capricorne* ♑. — 10.
5. — *Lion* ♌, — *Verseau* ♒. — 11.
6. — *Vierge* ♍, — *Poissons* ♓. — 12.

Figure des sept planètes anciennes et des deux récentes

☾ *Lune.* — ☿ *Mercure.* — ♀ *Vénus.* — ♂ *Mars.* — ☉ *Soleil.* — ♃ *Jupiter.* — ♄ *Saturne.* — ♅ *Uranus.* — ♆ *Neptune.*

Natures particulières des signes

♈ Masculin. — Feu, mobile, cardinal, violent, bilieux, chaud et sec, diurne, animal.

♉ Féminin. — Terre, fixe, mélancolique, sec et froid, nocturne, tortueux, animal.

♊ Masculin. — Air, double, stérile, sanguin, humide et chaud, diurne, binaire, commun, beauté, loquace, volatile.

♋ Féminin. — Eau, mobile, cardinal, lymphatique, froid et humide, nocturne, muet, tortueux, fécond, aquatique.

♌ Masculin. — Feu, fixe, bilieux, chaud et sec, diurne, stérile, animal.

♍ Féminin. — Terre, double, stérile, mélancolique, sec et froid, nocturne, humain, volatile.

♎ Masculin. — Air, mobile, sanguin, humide et chaud, diurne, humain, cardinal, loquace.

♏ Féminin. — Eau, fixe, violent, fécond, lymphatique, froid et humide, nocturne, muet, tortueux, aquatique.

♐ Masculin. — Feu, double, bilieux, chaud et sec, diurne, loquace, humain au commencement, animal vers la fin.

♑ Féminin. — Terre, mobile, cardinal, mélancolique, sec et froid, stérile, tortueux, nocturne, violent.

♓ Féminin. — Eau, double, fécond, lymphatique, froid et humide, muet, nocturne, aquatique.

Les signes de Feu et d'Air sont masculins, positifs et diurnes. Ceux de Terre et d'Eau sont féminins, négatifs et nocturnes.

Les signes équinoxiaux : ♈ et ♎, et les signes solsticiaux : ♑ et ♋ sont dits signes cardinaux.

Les signes doubles sont fixes au commencement et mobiles vers la fin.

Correspondances aux diverses natures des signes

Natures des signes	Correspondances
Cardinaux	Les saisons, les solstices, les équinoxes, les angles.
De Feu	Les accidents par le feu : incendies, foyers, explosions.
D'Air	Les accidents sur terre et dans l'air : les chutes, asphyxies.
D'Eau	Les accidents sur l'eau et par l'eau : naufrages, noyades.
De Terre	Les accidents sur terre et dans la terre : éboulements, mines, souterrains.
Masculins	Le sexe masculin : activité.
Féminins	Le sexe féminin : passivité.
Diurnes	Les choses de jour ou actives : actions claires, lieux clairs.
Nocturnes	Les choses de nuit ou passives : actions ténébreuses, lieux sombres.
Mobiles	Les choses mobiles, changeantes : les voyages, lieux animés.

Doubles	Les choses doubles : la pluralité; les choses multiples : lieux divers ; unions.
Fixes	Les choses immobiles ou constantes : lieux paisibles.
Féconds	Plusieurs enfants ou récolte abonde, production, gains.
Stériles	Pas d'enfants ou récolte nulle : improduction, perte.
De beauté	Beauté et harmonie physique, places publiques, édifices de belle architecture.
Tortueux	Formes inharmoniques ou laides : rues tortueuses, maisons mal bâties.
Muets	Parole difficile, lieux solitaires, calmes.
Loquaces	Parole facile, lieux gais, animés, bruyants.
Violents	Portant aux accidents, aux dangers, aux ennuis, lieux dangereux.
Quadripédique	Désignant les quadrupèdes, parmi les animaux.
Humains	Sentiments et formes humains.

Volatils	Les choses subtiles, spirituelles, l'air, les oiseaux.
Aquatiques	Les choses mutables, instables, l'eau, les voyages, les poissons.

Nature des planètes

Lune : féminine. — Plus humide que froide, lymphe, nature passive et mobile.

Mercure : sexe variable. — Actif, sec et froid ou chaud, nerfs, mélancolie, nature prompte et habile.

Vénus : féminine. — Négative, plus humide que chaude, sang clair, nature harmonique et attractive.

Soleil : masculin. — Positif, plus chaud que sec, bile, nature rayonnante et vivifiante.

Mars : masculin. — Positif, plus sec que chaud, bile, nature violente et agressive.

Jupiter : masculin. — Positif, plus chaud qu'humide, sang rouge, nature équilibrante et maturante.

Saturne : masculin. — Négatif, plus froid que sec, mélancolie, nature rétractive et concentrative.

Uranus : masculin. — Électro-magnétique, froid et sec, maux soudains, nature originale, soudaine et imprévue.

Neptune : féminin. — Négative, chaude et humide, maux étranges, nature étrange, mystérieuse et fatale.

Correspondances des époques de l'année avec les signes du zodiaque

Printemps	Le 20 mars	correspond à	0° du Bélier.
	20 avril	—	0° du Taureau.
	21 mai	—	0° des Gémeaux.
Été	Le 21 juin	—	0° du Cancer.
	22 juillet	—	0° du Lion.
	23 août	—	0° de la Vierge.
Automne	Le 22 septembre	—	0° de la Balance.
	23 octobre	—	0° du Scorpion.
	22 novembre	—	0° du Sagittaire.
Hiver	Le 21 décembre	—	0° du Capricorne.
	20 janvier	—	0° du Verseau.
	18 février	—	0° des Poissons.

Cette table donne la date de l'entrée du Soleil dans chaque signe zodiacal pendant le cours d'une année.

Domiciles et exaltations des planètes

Chaque planète correspond par nature à cer-

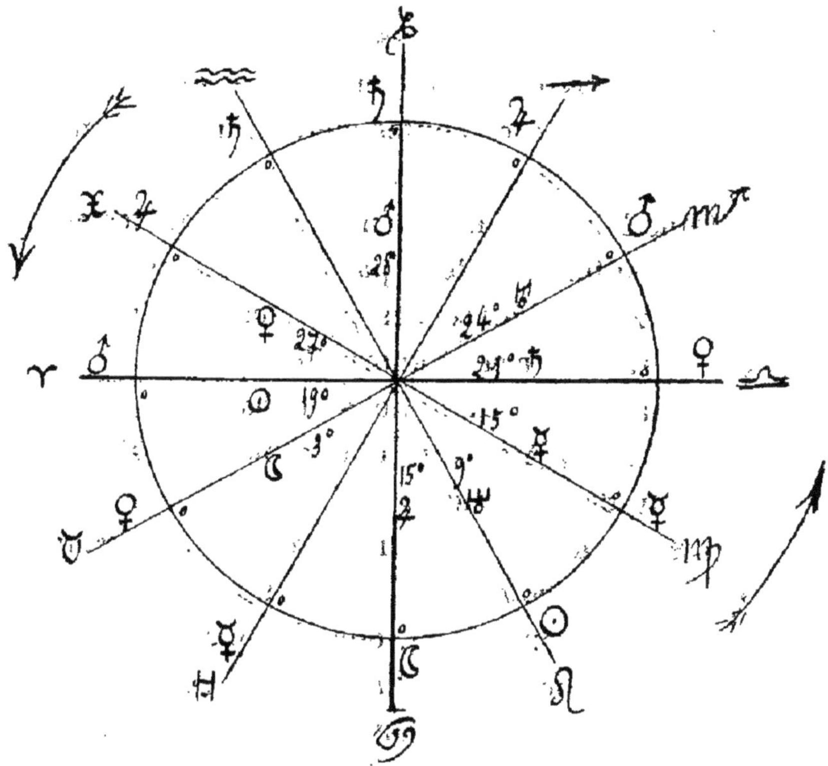

Figure des domiciles, exils, exaltations et chutes des planètes.

tains signes du Zodiaque dans lesquels son influence est plus efficace et normale ; ces signes sont appelés DOMICILES. Chaque planète étant à l'opposition de son domicile est dite en

EXIL et son influence y est entravée ou anormale.

NOTA. — « Les *domiciles* sont HORS le cercle et les *exils* à leurs signes opposés. »

« Les exaltations et leur degré exact sont DANS le cercle; les chutes sont au même degré du signe opposé. »

Dans l'exaltation, l'influence des planètes est exaltée, intermittente et parfois soudaine. Dans la chute, l'influence des planètes est maléficiée, perturbatrice et anormale.

La nature des exaltations et des chutes diminue au fur et à mesure que la planète est éloignée du degré indiqué.

L'étudiant doit étudier cette figure, *très clairement construite*, avec beaucoup d'attention ; car, les maisons à part, elle comporte les principaux éléments de l'Astrologie. Les douze signes zodiacaux se suivent dans la direction des flèches, depuis le Bélier (♈) qui est le premier signe. Les figures planétaires sont placées au début de chaque signe. Celles qui sont en dehors du cercle, près des signes, indiquent leurs *Domiciles* (*Exils à l'opposé*). Celles qui sont dans le cercle indiquent les signes de leurs *Exaltations* (Chutes à l'opposé) avec leurs degrés. Chacun des douze signes mesure 30° d'étendue (voir le thème érigé, page 79).

Correspondances morales et physiques des signes du zodiaque

Bélier. — Passion, entêtement, ambition, audace, témérité, présomption, inconstance, violence, susceptibilité, confiance en soi, impudence, gourmandise, irritabilité, agressivité, imprudence, amour du changement.

Plan supérieur. — Facultés brillantes, génie militaire, bravoure, dévouement, audace.

Physique. — Visage long, sourcils touffus, teint basané, cheveux bruns, crépus au commencement du signe, et roux à la fin, taille moyenne ou grande, corps maigre, nerveux, os gros, marque à la tête, poitrine développée, jambes courtes, tempérament robuste.

Taureau. — Esprit concentré, intelligence lente, déductive et intuitive, affections durables, orgueil renfermé, imagination, susceptible de stimulation dans l'accomplissement des grandes choses, constance, patience, sensualité, superstition, entêtement, lascivité, envie, gourmandise.

Plan supérieur. — Facultés profondes et créatrices.

Physique. — Yeux grands, front large, sourcils épais, forte carnation, taille moyenne ou grande, figure ronde, cou puissant, épaules fortes, nez et bouche larges, corps vigoureux, attaches solides, voix rauque, teint incertain, yeux et cheveux bruns, ou bouclés.

Gémeaux. — Ingéniosité, habileté commerciale, subtilité, amour des arts, inconstance, raisonnement, adresse, souplesse, mobilité, pauvreté, réussite pénible, assimilation.

Plan supérieur. — Intelligence dans l'action, facultés scientifiques.

Physique. — Taille grande, bras longs, pieds et mains proportionnés, teint frais et rose, yeux plutôt bruns, regard vif, démarche agile, stature moyenne, poitrine large, corps plutôt débile.

Cancer. — Passivité, féminité, versatilité, affection, inconstance, amour du changement, soumission, impersonnalité, assimilation, chance variable, ennuis de famille, parfois seprit commercial.

Plan supérieur. — Haut sentiment maternel, esprit rêveur, poétique, fantasque.

Physique. — Stature moyenne, figure ovale, belle et pâle, abondants cheveux châtains, yeux gris, voix faible, épaules larges, sourcils épais, dents mauvaises, tronc haut, allure efféminée, gros ventre, membres supérieurs plus forts.

Lion. — Orgueil, ambition, amour de la gloire, recherche de la célébrité politique ou artistique, esprit anti-scientifique, magnanimité, générosité, bienveillance, colère, vanité, protection, favorable aux enfants; ennuis de famille.

Plan supérieur. — Noblesse, générosité, grandeur d'âme.

Physique. — Stature large, fortes épaules, taille élevée, teint vermeil, cheveux épais et dorés, voix sonore, jambes minces, aspect imposant, fier, membres supérieurs plus forts, démarche élégante, regard impérieux, yeux gris ou bruns.

Vierge. — Esprit miséricordieux, ingénieux, subtil, adroit, paresseux, goût des lettres, ennuis sociaux, déceptions du cœur, dangers pour, ou par les frères; esprit pudique.

Plan supérieur. — Ame compatissante, inspirations élevées, scientifiques.

Physique. — Taille moyenne et bien prise, plutôt élevée, mince, formes harmonieuses, figure ovale, teint brun, joues colorées, yeux bruns et cheveux noirs plats.

Balance. — Esprit de justice, humeur égale, volonté, perspicacité, inconstance, goûts élevés, douceur, justesse, sympathie, difficultés sociales et féminines.

Plan supérieur. — Inventions sublimes, sens élevé de l'équilibre.

Physique. — Taille plutôt élevée, yeux bleus, figure ronde, nez petit, teint blanc et rose, cheveux longs et fins, peau du corps brune.

Scorpion. — Rapacité, violence, facultés mystérieuses et dangereuses, partialité, astuce, audace, agressif, contradiction, ironie, jugement faux, passion dans les appétits matériels, esprit sournois, industrieux, curieux, envieux, chercheur.

Plan supérieur. — Curiosité géniale pour les choses de l'occulte.

Physique. — Yeux petits, constitution robuste, figure fine, taille ordinaire, teint foncé, cheveux noirs, corps velu, longues jambes et grands pieds, démarche vive, vitalité puissante.

Sagittaire. — Esprit enfantin, pacifique,

juste, prudent, ambitieux, généreux, impressionnable, honnêteté, indépendance, timidité, instincts migrateurs, impulsion, convention. insouciance, luttes sociales et avec frères.

Plan supérieur. — Spontanéité géniale par confiance en soi, faculté organisante.

Physique. — Jolis traits, formes harmonieuses, figure ovale, calvitie précoce, taille au-dessus de la moyenne, front haut, nez grand, corps débile, teint pâle, longue barbe, cheveux fins, ventre large, voix claire, haut du corps proportionné.

Capricorne. — Taciturnité, égoïsme, esprit contrariant et contradicteur, ruse, inconstance, instabilité, prudence, diplomatie, maux soudains, entraves, ennemis et voyages dangereux, sens pratique.

Plan supérieur. — Initiative géniale, mais brève, subtilité.

Physique. — Taille médiocre, mal fait, maigre, débile, nerveux, cou long, cheveux noirs et épais, yeux noirs, regard soupçonneux, figure énergique, menton pointu, barbe rare, voix sourde.

Verseau. — Chasteté, réserve, douceur, justesse, bonté, raison, compassion, recherche de la solitude, méfiance, ennuis par autrui, frères, enfants, réussite lente par travail intellectuel ou scientifique.

Plan supérieur. — Haute induction scientifique, synthèse du phénomène.

Physique. — Taille moyenne, constitution robuste, voix claire, cheveux blonds surtout chez la femme, visage allongé, yeux noirs.

Poissons. — Versatilité, dissimulation, timidité, insouciance, indifférence, mollesse, médisance, goût des plaisirs matériels, audace dans l'impunité, apathie, instabilité, chance, parfois esprit.

Plan supérieur. — Élévation animique et spirituelle, méditation supérieure.

Physique. — Taille petite, corps charnu, bras et jambes courts, épaules rondes, constitution faible, taches sur le corps, gros yeux ronds et humides, cheveux bruns ou châtains.

Nota. — Il faut savoir que la nature des signes n'est vraiment pure qu'en leur 15e degré (*au milieu*). Depuis le 25e degré d'un signe au 5e degré du signe suivant, leurs natures se mélangent et agissent concurremment.

Correspondances morales et physiques des planètes

Saturne. — Solitude, taciturnité, mélancolie, pauvreté, contraire aux plaisirs et à la joie, gravité, austérité, patience, opiniâtreté, économie, égoïsme renfermé, pondération, constance, sobriété, chasteté, méditation.

Maléficié. — Miséreux, vil, espion, délateur, servile, morose, sournois, méchant, envieux, méfiant, malfaisant, traître, voleur.

Plan supérieur. — Génie philosophique, métaphysique, scientifique, effort lent et laborieux.

Physique. — Taille allongée, voûtée, teint terreux, peau rugueuse, dents mauvaises, figure longue, yeux petits, iris jaune, sourcils touffus, barbe inculte, oreilles grandes et plates, nez long, pointu, front haut, aspect inharmonieux, épaules hautes, voix basse et sourde, menton pointu, démarche lente.

Jupiter. — Équilibre du corps et du caractère, jugement, amour-propre, franchise, ambition, amour des honneurs, religiosité, bienveillance, serviabilité.

Maléficié. — Prodigue, fanfaron, hâbleur,

vaniteux, orgueilleux, égoïste, arriviste, craintif, sans cœur.

Plan supérieur. — Noblesse d'âme, générosité, magnanimité.

Physique. — Taille moyenne, corps charnu, peau blanche, teint frais, yeux plutôt bruns, brillants, grands, nez droit, moyen, allure majestueuse, épaules fortes et larges, mains et pieds forts, tendance à l'embonpoint, barbe fournie, plutôt rousse, menton divisé, marque au pied droit, calvitie précoce.

Mars. — Activité, action, violence, vanité, audace, courage, irritabilité, sensualité, passion, jalousie.

Maléficié. — Agressif, batailleur, perfide, fanfaron, esbrouffeur, tyrannique, irascible, brutal, présomptueux, pillard, impudent, grossier, cruel, querelleur, accapareur,

Plan supérieur. — Héroïsme, bravoure, dévouement, génie de l'audace.

Physique. — Taille moyenne, constitution vigoureuse, corps poilu, cheveux abondants bruns roux, barbe dure et courte, yeux petits et hardis, taches de rousseurs, lèvres minces, bouche grande, air arrogant.

Soleil. — Orgueil, domination, ambition,

vitalité, colère, expansion, autorité, enthousiasme, confiance en soi, réalisation facile, générosité, témérité, ardeur.

Maléficié. — Vain, dédaigneux, fat, présomptueux, égoïste, arriviste, sans pitié, arrogant, violent, vindicatif.

Plan supérieur. — Évolution vers la gloire, sentiments nobles, magnanimes, généreux.

Physique. — Aspect majestueux, rayonnant, traits séduisants, conquérants, front développé, yeux brillants et grands, tête grosse et ronde, bouche moyenne, formes fines, barbe pleine, voix forte et rauque, cheveux épars et touffus, roux.

Vénus. — Féminité, passivité, délicatesse, amour, tendresse, charité, volupté, grâce, charme, sociabilité.

Maléficié. — Insouciant, paresseux, luxurieux, lascif, débauché, jaloux, veule, timide, lâche, sale, servile, parasite.

Plan supérieur. — Charité, altruisme, sens artistique subtil, intuitions élevées.

Physique. — Taille moyenne ou haute, carnation délicate et harmonieuse, peau blanche et claire, lèvres rouges et fines, front bien dessiné, yeux rêveurs, langoureux, couleur bleue ou fauve, nez fin, long, taille bien prise, hanches fortes, extrémités petites, buste étroit, jambes fortes.

Mercure. — Subtilité, ingéniosité, initiative, promptitude, adresse, raisonnement, finesse, instinct commercial, déduction.

Maléficié. — Trompeur, pervers, menteur. voleur, fourbe, simulateur, inconstant, hâbleur, intéressé, bavard, rusé.

Plan supérieur. — Intelligence subtile, scientifique, créatrice.

Physique. — Taille petite, corps bien fait, figure longue et spirituelle, yeux petits, rieurs, cheveux rares, front bombé, sourcils longs et arqués, nez droit et long, lèvres fines, mains et bras longs, barbe rare et brune, figure de chèvre, allure rapide, voix aiguë et petite, yeux foncés.

Lune. — Passivité, imagination rêveuse, poésie, sensibilité, impulsion, sensitivité, timidité, douceur, docilité, inconstance, instabilité, mollesse.

Maléficié. — Versatile, changeant, sournois, dissimulé, peureux, paresseux, trompeur, menteur, sale, lascif, sans honneur, sans énergie.

Plan supérieur. — Poésie étrange, intelligence étoffée, hautes intuitions, amour maternel.

Physique. — Taille large du haut, jambes faibles, contact humide, charnu, visage harmonieux, figure ronde, teint pâle ou blafard, yeux saillants, ronds, bleus-blancs, cheveux légers, pâles, muscles mous.

Nota. — Uranus et Neptune n'agissent que sur le moral et la destinée du sujet.

Analogies des signes du zodiaque

Bélier. — Le feu, l'air, le caprice, l'égoïsme, l'action, la tête, le visage, le printemps, le matin, le mâle, la personnalité, le commencement, la jeunesse, les armes, les accidents à la tête, les montagnes, les accidents par le feu, dans la plaine et ceux en plein air ou par chute, en lieu élevé, les animaux violents.

Taureau. — La terre, l'air, l'entêtement, l'endurance, la patience, la force, la pondération, la sensualité, le cou, la gorge, la plaine, la culture, le travail, la constance, l'économie, le gain, les animaux lourds et lents.

Gémeaux. — L'Air, la pluralité ou la dualité,

l'initiative, l'adresse, la subtilité, les unions, les tentatives échouées, l'industrie, les frères, les amis d'enfance, les voisins, les écrits, les nouvelles, la poitrine.

Cancer. — L'eau, le feu, la maternité, la difformité, la génération, l'enfantement, la résignation, la maturité, l'âge adulte, la famille, les parents, l'été, le midi, l'estomac, les poumons.

Lion. — Le feu brûlant, la bravoure, l'héroïsme, la magnanimité, les incendies, les croyances, la foi, l'action, l'enthousiasme, l'ardeur, la domination, les hauts et illustres personnages, l'orgueil et les orgueilleux, le jour, les animaux sauvages et carnivores, le cœur.

Vierge. — La terre et surtout la terre intérieure qui est vierge ; la pureté, la candeur, les gens simples, naïfs, rustres, bons, la résignation, le devoir, les choses sublimes et simples, la virginité sous toutes ses formes, les intestins.

Balance. — L'air et la terre, la surface plane, l'équilibre, les choses complémentaires équivalentes ou semblables, les choses opposées, le principe de modération, d'apaisement, d'accord, l'âge mûr, l'automne, le soir, les gens sobres et sérieux, les reins, les associations.

Scorpion. — L'eau et la terre, le minéral, le sel, le démon, le mauvais mystère, le soldat, le chirurgien, les choses cachées et malfaisantes, les choses malsaines, venimeuses, la sorcellerie, les trahisons, les ennemis cachés, la vengeance occulte, la mort étrange, la vessie.

Sagittaire. — Le feu et la terre, les enfants, les esprits jeunes, la curiosité, le désir, l'espoir, l'évolution, les voyages, les transformations, les gens et les choses ayant deux natures ou d'aspects divers, changeants, les formes variables, les déguisements ; les fesses, l'anus.

Capricorne. — La terre et l'eau, la nuit, l'hiver, la vieillesse, les gens et les choses tortueux, difformes, d'aspect repoussant ou bizarre, les choses noires ou ternes, la solitude, l'ennui, l'abandon, les dangers inconnus, l'incertitude, les cuisses, le fémur.

Verseau. — L'air et l'eau, les gens et les choses simples, réservés, d'aspect agréable et sobre, les choses subtiles ou profondes, la paix, les choses mélancoliques, calmes, isolées, tranquilles, les ruisseaux silencieux, les arbres majestueux, l'air doux et calme, la méditation, le repos et la pensée ; les genoux.

Poissons. — L'eau et l'air, les choses doubles, variables ou mobiles, les gens changeants, diplomates ou sournois, les rivières, lacs, fleuves, les voyages, les dangers sur l'eau, les gens discrets, muets ou dissimulés, les gens sans volonté, dociles, craintifs, timides, les choses calmes, mobiles, paisibles, les infortunes cachées, discrètes, réservées, les atteintes néfastes et sourdes, à la vie ou à la réputation ; les pieds.

Nota. — Ne pas oublier que chaque signe est de la nature d'un seul élément, et que l'élément, second nommé, ne se manifeste que lorsque le Soleil passe dans chaque signe.

Le premier élément est de nature spirituelle, et le second, de nature active.

Analogies planétaires

Saturne. — Toutes choses austères, graves, solitaires, mélancoliques, vieilles, cachées, sombres, sordides, effrayantes ; ruines, souterrains, cloaques, prisons, hôpitaux, cime-

tières, déserts, marais, lieux abandonnés, rues tristes, délabrées.

Plantes. — Chêne, néflier, ellébore, aconit, lierre, mousse, lichen, plantes narcotiques et de croissance lente.

Animaux. — Chameau, ours, éléphant, âne, hibou, rat, araignée, chauve-souris, tortue, serpent, crapaud, vautour, chien.

Minéraux. — Plomb, onyx, corail noir, jais, pierres brunes.

Société. — Le grand-père, le père, les ennemis cachés.

Professions. — Savants, prêtres, théologiens, philosophes, ermites, alchimistes, astrologues, agriculteurs, architectes, ingénieurs.

Maléficié. — Mineurs, tailleurs de pierre, vidangeurs, corroyeurs, cordiers, potiers, gardiens, fossoyeurs, sorciers, mendiants, bourreaux, espions.

Jupiter. — Tout ce qui est majestueux, grand, réputé, ambitieux, heureux, honoré, équilibré, élevé; hauts emplois, direction, édifices et lieux somptueux, riches, luxueux, parfumés, colorés, palais, châteaux, églises, temples, beaux quartiers, rues larges, aristocratiques.

Plantes. — Laurier, santal, géranium, giroflée, cannelle, encens, marjolaine, jasmin, noyer, et toutes les plantes balsamiques et majestueuses.

Animaux. — Cerf, girafe, daim, taureau, paon, faucon, aigle, perdrix, alouette.

Minéraux. — Étain, améthyste, saphir, turquoise et les pierres bleues et violettes.

Société. — Le chef, le protecteur, le seigneur, l'ami.

Professions. — Prélats, juges, fonctionnaires, préfets, ministres, financiers, gouverneurs, cardinaux, papes, pédagogues, orfèvres.

Maléficié. — Bedeaux, sacristains, bureaucrates, instituteurs, gymnasiarques, majordomes.

Mars. — Les choses et les gens violents, turbulents, dangereux, hérissés, pointus, tranchants, les armes, les objets en fer, les instruments de chirurgie, de boucherie, de torture, le feu, les fonderies, les usines, les arsenaux, les citadelles, rues bruyantes, animées.

Plantes. — Poivrier, moutarde, radis noir, aloës, épine-vinette, ronces, ortie, houx, prunellier, scamonnée, coloquinte, rhubarbe, tabac, et toutes plantes épineuses, hérissées, amères, mordantes.

Animaux. — Tigre, jaguar, panthère, milan, coq, pivert, cheval, loup, sanglier, chien, épervier, scorpion, araignée.

Minéraux. — Fer, rubis, grenat, hématite, sanguine, jaspe et toutes pierres rouges et ferrugineuses.

Société. — L'amant, le mari, les rivaux, associés, voyages, ennemis déclarés, accidents, blessures par le fer ou le feu.

Professions. — Chefs d'armée, chevaliers, amiraux, capitaines.

Maléficié. — Soldats, bouchers, chirurgiens, bourreaux, fondeurs, armuriers, ouvriers en fer, cuisiniers, charcutiers, pirates, voleurs, assassins, tueurs d'animaux, chasseurs.

Soleil. — Les gens et les choses d'aspect rayonnant, brillant, étincelant, majestueux, célèbre, somptueux, magnanime, grandiose, multicolore. Les contrées chaudes, colorées, remplies de fleurs et de plantes aromatiques, les gens nobles, généreux, ardents, célèbres, populaires. Places publiques, boulevards, parcs.

Plantes. — Oranger, citronnier, grenadier, héliotrope, safran, romarin, palmier, hélianthe, gui, arnica.

Animaux.—Lion, bouc, bélier, aigle, faucon, canari, ibis, zèbre, condor.

Minéraux. — Or, topaze, crysolithe, ambre et toutes les pierres de couleur jaune d'or.

Société. — Le père, le mari, l'amant, la gloire.

Professions. — Rois, princes, empereurs, gouverneurs, ministres, poètes ou écrivains célèbres.

Maléficié. — Princes déchus, gouverneurs cruels ou haïs, ministres tyranniques, financiers véreux, escrocs de haut vol, charlatans, esbrouffeurs.

Vénus. — Les choses et les gens frivoles, légers, d'aspect riant, coloré, gai, les concerts, les théâtres, les lupanars, la danse, la musique, les plaisirs, les fêtes, les festins, les amours, tout ce qui tient et vit de l'amour, les fleurs, les parfums, les costumes, le clinquant. Les gens faciles, gais, aimables, sociables, débauchés, les fêtards, les noceurs, les courtisans. Maisons et rues élégantes et gaies.

Plantes. — Muguet, rose, lys, narcisse, seringa, violette, jasmin, pâquerette, jacinthe, pensée. Toutes les plantes fleuries, colorées et odorantes.

Animaux. — Tourterelle, rossignol, ramier, chèvre, brebis, colombe, passereau, faisan, papillons.

Minéraux. — Cuivre, émeraude, aigue marine, saphir clair, corail rose.

Société. — La femme, l'amante, la sœur, la mère, la fille, les amies.

Professions. — Artistes, musiciens, poètes, peintres, femmes supérieures, initiés.

Maléficiée. — Danseurs, comédiens, artisans, médecins, lapidaires, parfumeurs, tisserands, charlatans, courtisans, entremetteurs, prostituées, et tous les parasites de l'amour.

Mercure. — Les gens et les choses rapides, prompts, légers, subtils, adroits, assimilateurs. Tout ce qui concerne l'industrie, le commerce, les spéculations, les marchands, les choses littéraires et scientifiques, le journalisme, les correspondances, les écrits. Les gens rusés, adroits, subtils ou intelligents, rues et quartiers commerçants, industrieux.

Plantes. — Noisetier, mille-feuilles, menthe, verveine, liserons, anis, valériane, mélisse, marguerite. Les plantes petites, variées et de croissance rapide.

Animaux. — Hirondelle, pie, renard, singe,

perroquet, papillons, linot, abeille, fourmi.

Minéraux. — Vif-argent, chalcédoine, cornaline, agate, et toutes pierres changeantes.

Société. — Associés, frères, enfants, amis, inférieurs, industries, commerce.

Professions. — Mathématiciens, géomètres, ingénieurs, inventeurs, astrologues, philosophes, orateurs, peintres.

Maléficié. — Commerçants, courtiers, boursiers, industriels, scribes, voleurs, hommes d'affaires, faussaires, falsificateurs, faux monnayeurs, entremetteurs, notaires.

Lune. — Toutes choses et gens, jeunes, neufs, timides, craintifs, silencieux, étranges, les lacs, rivières, la mer, les étangs, les lieux publics, les réunions de femmes, d'enfants, les œuvres maternelles, rues calmes et mystérieuses, maisons étranges.

Plantes. — Concombre, nénuphar, laitues, courges, melons, pavot, trèfles, belles-de-nuit, coquelicot, mauve, et toutes les plantes aquatiques froides et d'aspect étrange.

Animaux. — Poissons, grenouilles, limaces, crabes, chat, orfraie, chauve-souris, cygne, lièvre, rossignol, coquillages.

Minéraux. — Argent, sélénite, diamant, pierre de lune, labrador, béryl.

Société. — La mère, l'épouse, la sœur, les voyages.

Professions. — Poètes étranges, rêveurs, musiciens mystiques, artistes mystérieux, reines, femmes supérieures, les veuves.

Maléficié. — Pêcheurs, marins, prostituées, chasseurs de nuit, braconniers, orateurs populaires, mères et filles dénaturées.

Analogies des douze maisons célestes

Maison I. — Le tempérament, la personnalité, les influences futures, les facultés morales, le caractère, la nature, la vie ; la tête. *L'Orient.*

Maison II. — Argent, acquisitions, gains, fortune, bénéfices, produit du travail ; le cou.

Maison III. — Tendances morales, goûts et sympathies à l'état latent, entourage, frères, parents, voisins, familiers, correspondances quotidiennes, petits voyages ; les épaules.

Maison IV. — Atavisme, legs moral et matériel des parents, influences du legs sur la fin de la vie, la maison, la famille, la position, le père, la mère ; l'estomac, la poitrine. *Le Nord.*

Maison V. — Désirs matérialisés, tentative de réalisation élémentaire, sensualité, enfants, spéculations, chance, jeux, entreprises ; le cœur.

Maison VI. — Principe des auxiliaires, des organes, aides, subalternes, serviteurs, ennemis intimes; *maladies*, entraves, luttes; le ventre.

Maison VII. — Accouplement, union, association, mariage, désunion, séparation, divorce, collaboration ou rivalité, l'élément étranger, sympathique ou antagoniste, procès, ruptures, amour, haine, production par association, ou ruine par rivalité, accidents et maladies ; le bassin, les reins. *L'Occident.*

Maison VIII. — Désagrégation, séparation du corps et de l'âme, *mort*, pressentiments, fatalités, héritages, procès, fortune du conjoint, accidents, blessures, rêves : la vessie, les organes génitaux.

Maison IX. — Évolution morale, tendances idéalisées, *conscience*, religion, philosophie, incursions morales et voyages matériels par terre et mer, propagation du moi, écrits, œuvres; survie ; fémurs, hanches.

Maison X. — Égoïsme réalisé, résultat actif

social, évolution du désir actif, honneurs, position, rang, fortune, réputation, le père, la mère, parfois les enfants ; fesses, anus, cuisses. *Le Sud.*

Maison XI. — Altruisme, amis, protecteurs, alliés, dévouements, désirs, espoirs, projets, enfants ; genoux.

Maison XII. — Désassimilation, fatalité sociale, inimitiés, calamités, chagrins, misère, trahisons, procès, scandales, discrédit, emprisonnements, internements, chutes, maladies ; pieds.

Nota. — Le caractère propre de chaque maison est pur et puissant sur sa pointe et va diminuant d'intensité jusqu'à la maison suivante.

Une planète située aux cinq-sixièmes d'une maison agit davantage sur la maison qui suit.

Des Aspects

Il est prouvé que certaines distances symétriques, déterminées, entre deux planètes ou entre une planète et l'un des quatre angles, produisent une vibration magnétique plus ou moins forte et de nature harmonique ou dissonante ; les distances vibratoires se nomment *aspects*.

NOMS, FIGURES, MESURES ET QUALITÉS DES ASPECTS

Conjonction	☌	même degré,	variable.
Sextile	✶	60°	bénéfique.
Carré	□	90°	maléfique.
Trigone	△	120°	très bénéfique.
Sesqui-carré	S.q	135°	maléfique.
Quncunx	Q^{x}	150°	variable.
Opposition	☍	180°	très maléfique.

Règles : 1° Les aspects qui se trouvent entre 0° du Cancer et 0° du Capricorne sont moins puissants que ceux compris entre 0° du Bélier et 0° de la Balance.

2° Quand une maison comprise dans un aspect, englobe *de ses deux pointes*, un signe zodiacal, la nature de cet aspect est amoindrie.

3° La sympathie entre les planètes peut améliorer un aspect maléfique et leur antipathie peut maléficier un aspect bénéfique.

4 Les planètes étant proches des angles, augmentent la puissance de l'aspect.

Les Orbes

Plus un aspect est exact et plus il est puissant. Au fur et à mesure que sa dimension s'éloigne des points vibratoires, sa puissance diminue jusqu'à disparaître tout à fait, si cet éloignement est excessif.

Les orbes sont la mesure permise de l'inexactitude des aspects, selon les planètes qui les composent.

Aspects	Soleil	Lune	Saturne Jupiter	Mars Vénus	Mercure Uranus Neptune
☌	12°	11°	9°	8°	7°
⚹	5°	4°	4°	3°	2°
□	7°	6°	5°	4°	4°
△	8°	7°	6°	6°	5°
S. q.	4°	4°	3°	3°	2°
Qx	6°	5°	4°	4°	3°
☍	12°	11°	9°	8°	7°

Pour obtenir l'orbe exact d'un aspect, il faut additionner celui de chaque planète et le diviser par deux.

Si une planète est angulaire, son orbe est augmenté de son sixième.

Érection du thème pour le jour et l'heure où le vol où la perte de l'objet eut lieu

Il faut se procurer les Éphémérides de Raphaël pour l'année où s'est passé l'accident, le vol ou la perte. Chercher la page correspondant au mois en question. Dans la partie inférieure de la page, on verra à gauche une colonne ($\frac{D}{M}$) où se trouvent les quantièmes du mois. Chercher dans cette colonne le quantième auquel eut lieu l'accident. A côté du quantième se trouve l'heure (heures, minutes, secondes) du temps sidéral (colonne sideral times), pour midi. C'est sur ce chiffre du temps sidéral qu'il faut opérer, et il faut retenir de suite la règle suivante qui est invariable : Si l'heure du T.S. est inférieure à celle qu'on en doit soustraire, il faut y ajouter, pour opérer, 24 heures. Si, au contraire, il s'agit d'additionner, et que le total dépasse 24 heures, il faudra soustraire ces 24 heures au total, et le reste sera bon. Quand l'heure de l'accident est avant midi, il faut soustraire du T.S. le nombre d'heures et de minutes qui séparent l'heure de l'accident, de midi. S'il a eu lieu à 7 heures du matin, de 7 heures à midi, il y a 5 heures ; il faut donc retrancher 5 du T.S. Si l'heure de l'accident est après midi, il faut ajouter cette heure au T. S. — *Quand vous aurez ce chiffre, cherchez la latitude du pays où l'accident s'est produit; vous aurez ce renseignement dans un exemplaire quelconque de la connaissance des temps.* Prenez ensuite les tables de latitudes de Dalton et cherchez en tête des pages le T.S. se rapprochant le plus du vôtre. L'ayant trouvé, vous verrez à côté, le signe et le degré du M.C. Marquez ce point sur un thème préparé en blanc (4 francs le cent) et de ce point, tirez une ligne diamétrale jusqu'au degré opposé. Vous aurez ainsi le M.C. ou méridien supérieur, pointe de la maison X, et le F.C., méridien inférieur, pointe de la maison IV. Suivez la ligne horizontale du chiffre de la colonne (LAT) correspondant à votre longitude ; à l'intersection de cette ligne et des colonnes 11, 12, 1, 2 et 3, vous verrez le degré du signe occupé par les pointes des maisons XI, XII, I, II et III. Tirez, de ces degrés, des lignes diamétrales jusqu'aux degrés opposés et vous aurez les pointes des maisons V, VI, VII, VIII et IX. Numérotez-les en chiffres romains et placez le thème, le M.C. étant en haut. Il faut maintenant placer les planètes dans ce thème.

Les planètes se déplacent très lentement et leur marche en un jour est à peine sensible, aussi peut-on sans inconvénient prendre la place des planètes telle qu'elle est donnée pour midi dans les Éphémérides de Raphaël. Vous trouverez la place de chaque planète pour le jour en question, à l'intersection de la ligne horizontale du quantième de ce jour, et des colonnes de longitude (LONG) qui se trouvent sous la figure de chaque planète. Ne pas se préoccuper des colonnes de la Lune qui sont placées sous le mot *Midnight*, ne prendre que la colonne (☾) qui succède à celle du Soleil (1).

Cependant, la situation de la Lune est seule à rectifier, étant donné la rapidité de sa marche. Il faut donc voir ce que la Lune a parcouru de degrés d'un midi à l'autre (en 24 heures) et faire une règle de *Trois* pour savoir ce qu'elle a parcouru pendant le nombre d'heures qui séparent l'heure de l'accident, de midi. Ajoutez ce résultat si l'heure est après midi, et retranchez-le s'il est avant midi. Cette addition ou soustraction se doit faire sur la position de la *Lune* indiquée pour le jour en question à midi.

La Lune parcourt en moyenne 0°32' par heure, 1°5' en deux heures, 1°37' en trois heures,

(1) On devra faire un petit trait en face du degré occupé par chaque planète (selon que l'indiquent les Éphémérides) sur le thème préparé, et ajouter à ce trait la figure de la planète correspondante. — Voir le thème érigé, page 79.

2°10' en quatre heures, 2°42' en cinq heures, 3°15' en six heures et 6°30' en douze heures. Le calcul est donc facile.

Cependant, si l'érection du thème semblait difficile au lecteur, il faudrait qu'il se procure un petit traité synthétique, qui est publié, et dans lequel se trouve un système facile de l'érection, sans calculs ni tables des maisons. Ce traité se nomme *la Lumière astrale* et contient toutes les opérations très clairement expliquées et simplifiées.

Ceci fait, il faut relever les aspects et examiner le thème en notant soigneusement toutes ses particularités. On pourra ensuite, à l'aide des procédés que nous allons donner, arriver au résultat que l'on se propose.

La roue de fortune (⊕) se place à la même distance de la Lune que l'ascendant est distant du Soleil, ou à la même distance de l'As. que la Lune est éloignée du Soleil. Ceci revient au même.

Recherche de l'heure planétaire

La planète présidant à l'heure pendant laquelle la perte ou le vol fut commis, a une importance particulière sur le résultat qu'on désire obtenir.

SUCCESSION DES HEURES PLANÉTAIRES

HEURES Jour	HEURES Nuit	Dimanche	Lundi	Mardi	Mercredi	Jeudi	Vendredi	Samedi
1	3	☉	☽	♂	☿	♃	♀	♄
2	4	♀	♄	☉	☽	♂	☿	♃
3	5	☿	♃	♀	♄	☉	☽	♂
4	6	☽	♂	☿	♃	♀	♄	☉
5	7	♄	☉	☽	♂	☿	♃	♀
6	8	♃	♀	♄	☉	☽	♂	☿
7	9	♂	☿	♃	♀	♄	☉	☽
8	10	☉	☽	♂	☿	♃	♀	♄
9	11	♀	♄	☉	☽	♂	☿	♃
10	12	☿	♃	♀	♄	☉	☽	♂
11		☽	♂	☿	♃	♀	♄	☉
12 ↘		♄	☉	☽	♂	☿	♃	♀
	1	♃	♀	♄	☉	☽	♂	☿
	2	♂	☿	♃	♀	♄	☉	☽

Les heures planétaires sont toujours plus ou

moins longues que l'heure de soixante minutes. Pour en déterminer la durée, il faut diviser en douze parties égales le temps écoulé entre le lever et le coucher du Soleil, *pour les heures de jour*.

Les *heures de nuit* seront fournies par la division en douze parties égales du temps écoulé entre le coucher et le lever du Soleil.

Tous les almanachs donnent les heures du lever et coucher du Soleil pour tous les jours de l'année.

La première heure sera la *première division*, la seconde sera la deuxième, etc.

Il résulte de ceci que les heures planétaires de jour seront, en été, plus longues que celles de nuit, le contraire aura lieu en hiver, où la nuit est fort longue.

Correspondance des heures planétaires

Heure de Saturne. — A cette heure le voleur ou les gens en cause auront une constitution morale et physique analogue à la nature de Saturne (voir p. 34).

Ils auront des rapports avec les terres, propriétés, maisons, mines de charbon ou de métal, économies, rentes, pensions.

Il y aura des ennuis, des maladies, des trahisons, des médisances, des vols ; dans des lieux solitaires, tristes, vieux, sales, délabrés, en des rues désertes, noires, sinistres.

L'heure de Jupiter. — Les personnes agissant à cette heure seront de la nature morale et physique de Jupiter (p. 35). Il s'agira de finances, bourse, argent, pierreries, profits, gains, et de toutes les affaires d'intérêt matériel, honorifique ou politique ; Jupiter favorise ce genre de spéculations. Les lieux seront spacieux, vastes, aérés, somptueux et l'heure favorable aux sollicitations et protections. Les églises seront animées.

L'heure de Mars. — Les personnes agissant à cette heure seront de la nature morale et physique de Mars (p. 36).

La discorde, les discussions, les pugilats régneront à cette heure d'activité et de violence ; les accidents par le fer et le feu séviront. Les soldats, les bouchers, les chirurgiens, les voleurs et les assassins seront à craindre.

Cette heure est dangereuse et il faut s'en méfier surtout si Mars est maléficié. Les lieux seront bruyants, sales, animés, tumultueux, populaires et dangereux ; il y aura des duels.

L'HEURE DU SOLEIL. — Les personnes agissant à cette heure auront la nature du Soleil.

Les affaires d'honneur, de réputation, d'arrivisme, d'orgueil, de renommée, de réclame, d'ambition, auront lieu à cette heure brillante et ardente. La politique sera agitée, les hauts emplois brigués. Les aventuriers de haut vol seront en quête d'une dupe. Se méfier des arrivistes.

Les lieux seront spacieux, agités, lumineux, brillants, étourdissants.

L'HEURE DE VÉNUS. — Cette heure est réservée aux personnes de nature vénusienne et à toutes les choses dépendant de l'amour. Les théâtres et concerts battront leur plein. Les lupanars et les bouges seront fréquentés.

Les prostituées auront de la chance. Les amours seront favorisées. La jalousie sévira. Les cadeaux, les lettres d'amour, les fleurs, les parfums seront offerts.

Les lieux seront riants, gais, voluptueux, confortables, parfumés, colorés ; on y fera bonne chère et le vin et les liqueurs y seront goûtés.

L'HEURE DE MERCURE. — Les personnes de la nature de Mercure agiront à cette heure animée.

Les affaires, le commerce, l'industrie, les

lettres, journaux, les écrits, papiers d'affaires, seront l'objet du moment.

Les orateurs, avocats, professeurs s'agiteront.

Les filous, voleurs, mendiants, courtiers, représentants, escrocs, chercheront à vendre ou à dérober des marchandises. Les enfants s'amuseront.

Les lieux seront animés, bruyants, exigus, tumultueux et peuplés de gens agités.

Heure propice aux affaires.

L'heure de la Lune. — A cette heure mystérieuse, les Lunariens agiront.

Il y aura des embarquements, déménagements, changements, mutations, déplacements, commissions. Des accidents sur l'eau ou par l'eau ou le froid.

Il y aura des intrigues de femmes, des commérages, des accouchements, des adultères, des aventures mystérieuses.

Les voyageurs s'embarqueront, les visiteurs afflueront.

Les lieux seront humides, étranges, mystérieux ou populaires, sales, fréquentés par des femmes et il s'y ourdira des complots, des intrigues et des traquenards.

Les Significateurs

On nomme Significateurs, les lieux du Zodiaque ou les planètes qui, par maîtrise, aspects, présence et nature, représentent un sujet particulier du thème érigé, comme une personne, un objet, un lieu, une action, une maladie, etc.

Les planètes, les maisons et les signes peuvent être significateurs.

C'est par les rapports des significateurs entre eux, leurs mutuels aspects et ceux que leur envoient les autres planètes, ainsi que par les signes et maisons qu'ils occupent, que l'on peut déduire et conclure de leurs influences dans les faits recherchés.

Les procédés d'investigation sont à peu près semblables, qu'il s'agisse d'une personne disparue, d'un objet perdu ou de tout autre sujet; il ne s'agit que de dresser le thème astrologique pour l'heure, le jour et le lieu où se produisit l'accident.

Voici les significateurs particuliers à chaque cas spécial :

1° *S'il s'agit d'une personne disparue :*

Le grand-père : Saturne et le maître de la maison IV.

La grand'mère : Saturne ou Lune et le maître de la maison IV.

Le père : Saturne ou le Soleil et le maître masculin des maisons IV ou X.

La mère : Lune ou Vénus et le maître féminin des maisons IV ou X.

Enfant mâle : Mercure ou Jupiter et le maître de V ou XI (masculin).

Enfant femelle : la Lune ou Mercure et le maître de V ou XI (féminin).

(Parfois, Mercure, maître de X, peut signifier les enfants.)

Le frère : Mars ou Mercure, ou parfois Jupiter (si c'est le frère aîné) ou le maître de III.

La sœur : Vénus ou Lune et le maître de III.

L'épouse ou l'amante : Vénus, Lune, ou le maître de VII.

L'époux ou l'amant : Mars, le Soleil et le maître de VII.

Si le maître de VII est de sexe opposé à celui de la personne disparue, on prendra le maître de V. Les signes humains sont à examiner.

Pour les animaux :

Un petit chien : Mars ou Mercure et le maître de VI. Les signes animaux.

Un grand chien : Saturne ou Mars, le maître de VI et les signes animaux.

Un singe : Mercure et le maître de VI. Signes animaux.

Le bœuf, la vache : Saturne, Jupiter et Mars et le maître de XII. Les signes animaux, et surtout le Taureau. Vénus en XII ou VI.

Objets perdus ou volés :

Bijoux, valeurs, argent : Jupiter, le maître de II et la partie de fortune.

(*Voir les correspondances des pierres et métaux.*)

Lettres, papiers : Mercure et le maître de III et de IV.

Les clefs : Mercure et Mars et le maître de I et IV.

Une malle : Mars, Lune, Mercure et les maîtres de III et IX, ainsi que les signes mobiles.

Un objet quelconque : Mercure, les maîtres de VI et XII et les signes mobiles.

Un souvenir d'amour : le Soleil et Mars pour un souvenir masculin, et Lune et Vénus pour un féminin, ainsi que le maître de VII et de I.

Le Voleur.

Le maître de VII ou de VI ou de XII et surtout Mars, Mercure ou Saturne, et Lune ou Mercure pour les voleuses.

C'est celle de ces planètes ou le maître de ces maisons qui aura le plus de rapports avec le cas étudié et qui jettera le plus grand maléfice au maître ou significateur de l'objet volé, ainsi qu'au maître de I, qu'il faudra prendre comme significateur du voleur.

Le maître du signe occupé par le significateur décrira le voleur ; consulter aussi le signe occupé par ce maître.

Remarques importantes.

1° Le maître d'une maison est la planète ayant cette maison comme domicile, par analogie de nature (*voir aussi l'exaltation*).

2° Quand une planète est située dans une maison et près de sa pointe, elle y est plus puissante que le maître de cette maison et doit être plus considérée que ce maître.

3° Le significateur est la planète qui représente par analogie la personne ou l'objet recherché. Pour chaque cas particulier, il faudra donc prendre comme significateurs *ceux que nous avons désignés clairement*, sans cela, les recherches resteraient sans effet.

4° Comme nous l'avons dit, le significateur sera, *parmi ceux indiqués pour le voleur*, la planète la plus atteinte par les mauvais aspects et celle qui maléficiera le plus, le significateur de l'objet volé.

5° Le significateur de la personne ou de l'animal disparu sera, *parmi ceux désignés*, la planète la plus mal aspectée par les mauvaises planètes.

6° Le significateur de l'objet perdu sera, *parmi ceux désignés*, la planète la plus infortunée du thème.

7° Si la personne disparue est connue, il faut chercher comme significateur, *parmi ceux désignés*, celui qui, *étant maléficié*, se rapporte le plus à sa nature.

Règles générales (*importantes*).

Si la personne est inconnue, le significateur *choisi selon les précédentes règles*, en fera la description physique et morale, ainsi que le signe où il se trouve et le maître de ce signe.

Si le significateur est entre le M.C. et l'Oc[t], ou entre l'A.S. et le F.C., le voleur est jeune (surtout proche du M.C. et de l'A.S.).

Si le significateur est proche de la Lune, il est jeune aussi.

Si le significateur est loin des angles ou entre A.S. et M.C. ou entre Oct et F.C. ou proche de Saturne, le voleur est âgé.

Lune, Mercure, Vénus et Mars près des angles, annoncent la jeunesse. Leur conjonction à la Lune aussi.

Si le significateur est en VI ou s'il est le maître de VI, le voleur sera sans doute dans la domesticité. Surtout si le maître de VI est ☿ ou ♂ et qu'il soit en mauvais rapports avec le maître de I.

Le sexe du significateur et celui du signe qu'il occupe désigneront celui du sujet. Celui de la planète est plus puissant que celui du signe. S'il y avait doute, il faut prendre le sexe de la planète de l'heure planétaire et de son signe. Enfin, le sexe de la maison peut intervenir. Les maisons impaires sont masculines, les paires sont féminines.

Le significateur de l'objet disparu indiquera *par le signe qu'il occupe* la nature du lieu où se trouve l'objet. La maison où il est fournira les circonstances y afférentes.

La planète de l'heure indiquera la nature du lieu où s'est produit l'accident et cela par le signe qu'elle occupera. Sa nature propre et la maison qu'elle occupe fourniront les circonstances y afférentes.

La direction où se trouve le voleur ou l'objet sera fournie par leur significateur, le signe où il se trouve et la maison qu'il occupe.

La préférence revient à la maison, le signe vient ensuite et enfin la planète. S'il y a concordance entre ces trois facteurs, l'objet sera éloigné.

Si la concordance est moindre, l'objet sera plus près ; s'il y a contradiction, l'objet sera très proche.

Le M.C., les signes de Feu, Soleil et Mars signifient le Midi. L'A.S. les signes d'air, Jupiter et Vénus signifient l'Est. L'Oc[t] les signes de Terre, Saturne et Mercure signifient l'Ouest. Le F.C. les signes d'Eau, et la Lune signifient le Nord.

Le point central sera le lieu de l'accident.

Les maisons indiquent des directions relatives aux quatre angles (pages 41-42-43).

La figure suivante st aussi très utile aux directions par les planètes.

Sud	— ♈	♌	♐	☉	analogue à	M.C.
Est	— ♊	♎	♒	♂	—	maison VIII.
Ouest	— ♉	♍	♑	♄	—	Occ[t].
Nord	— ♋	♏	♓	☿	—	maison VI.
				☾	—	F.C.
				♀	—	maison II et As.
				♃	—	maison XI.

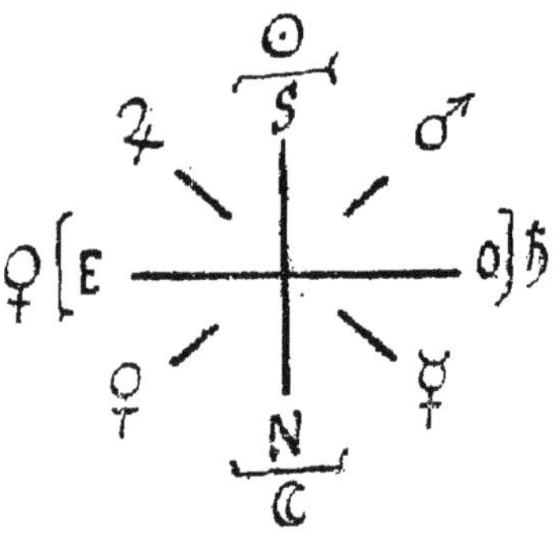

Orientation des planètes.

Voici, en outre, d'autres correspondances pour les pays éloignés, la France étant prise pour centre ou point de départ.

♈ Palestine, Naples, Capoue, Ancone, Rome.

♉ Angleterre, ♊ Égypte, ♋ Écosse, Hollande, ♌ Italie, Sicile, Alpes, ♍ Océan, Amérique, ♎ Autriche, Chine, Japon, Alsace, ♏ Norvège, ♐ Espagne, Portugal, Arabie, ♑ Angleterre, Amérique, ♒ Russie, Prusse, Arabie,

Danemark, Bavière, ♓ Islande, Suède, Écosse.

Nota. — Au cas où les objets perdus ou volés seraient hétéroclites et de différentes sortes, c'est Mercure ou les maîtres de VI ou XII en signes mobiles surtout qui deviendraient significateurs. Si, parmi ces objets, il y en avait une certaine quantité de même catégorie, il faudrait faire entrer en jeu la planète qui correspond à cette catégorie par nature et analogie. (Du même auteur : *Pour conjurer les sorts.*)

Règles particulières

Pour connaître à quelle distance se trouve la personne, le voleur, l'objet disparu ou l'animal égaré.

1° Il faut considérer la distance du significateur, à la planète de l'heure. S'il n'y a que 30°, la distance est nulle ; 50°, petite distance ; 70°, distance moyenne ; 100°, distance grande, opposition, très grande distance.

2° Il en sera de même de la distance de la Lune au seigneur ou au maître de l'Ascendant.

3° Les significateurs en maison III et IX et en signes mobiles indiquent que l'objet ou les personnes s'éloignent. Les signes, dans ce cas, fourniront la direction du parcours.

4° Le maître de la maison VII est à consulter sur la direction, surtout s'il est significateur.

5° Si, de plus, les significateurs et la planète de l'heure se trouvent dans la même quarte, *entre deux angles*, l'objet ou la personne sont tout proches et peut-être dans la demeure. S'ils sont éloignés et dans une quarte différente, ils sont loin du propriétaire. Il en sera de même de la Lune et du maître de l'Ascendant. Si la planète de l'heure est la même que le significateur, l'objet est dans la maison.

Pour savoir si on trouvera la personne, le voleur, l'animal ou l'objet.

Si la planète de l'heure est en mauvais aspect au maître du signe qu'elle occupe, ainsi qu'au maître de l'Ascendant et au significateur, les recherches seront vaines. Il en sera de même si les luminaires sont en mauvais aspect entre eux et au maître de l'Ascendant.

Si, au contraire, le significateur est bien aspecté avec le maître de son signe, ainsi qu'avec les luminaires ou le maître de l'As., les recherches aboutiront parfaitement.

Pour savoir si le mari ou l'amant est parti avec une femme.

Cela a lieu quand le significateur de l'amant ou du mari est en bon aspect du maître de la maison V ou occupe cette maison, ou que le maître de V occupe l'un des domiciles du significateur (masculin). Il en sera de même, le significateur étant en V ou III et en signe féminin.

Si le maître de V est masculin, voir si le significateur est en bon aspect à Lune ou Vénus ou s'il occupe l'un de leur domicile, car celle de ces deux planètes ayant rapport au significateur signifierait la femme, si telle planète n'est maître ni de l'AS ni de VII.

Pour savoir si la femme ou l'amante est partie avec un homme.

Mêmes règles que précédemment, si les maîtres de V ou III sont masculins, ainsi que le signe qu'ils occupent.

Le maître de V étant masculin, voir si le significateur est en bon aspect à Mars ou Soleil ou s'il se trouve en leur domicile, car celle de ces deux planètes ayant rapport au significateur

5

signifierait l'homme, si telle planète n'est maître ni de l'AS ni de VII.

Portrait de la compagne ou du compagnon.

Le portrait de la compagne du mari sera décrit par le signe occupé par Lune ou Vénus si l'une d'elles convient (signe féminin).

Le portrait du compagnon de la femme sera décrit par le signe occupé par Mars ou Soleil, si l'un d'eux convient (signe masculin).

Pour les deux cas, le signe occupé par le maître de V, *selon son sexe*, peut aussi décrire le compagnon ou la compagne, si ce maître est dans le cas ci-dessus énoncé.

L'objet est-il perdu ou volé?

Le significateur de l'objet étant en maison IV ou X, ou s'il est bien aspecté à l'ascendant, ou si, étant en l'AS, il est en bon aspect au maître de IV ou X ou d'une planète située en I, IV ou X, ou conjoint au maître de ces maisons, l'objet est égaré dans la maison ou à peu de distance d'elle, si le significateur est en signes mobiles. Il en sera de même si le maître de l'heure est aussi significateur de l'objet. Dans ces cas, il n'y a pas de voleur.

Le lieu où se trouve la personne ou l'objet.

Après avoir déterminé la direction et la distance, il faudra considérer la nature du signe occupé par le significateur, ainsi que celle du maître de ce signe, pour avoir une description du lieu où se trouve l'objet, la personne ou le voleur.

Pour savoir si l'objet qu'on croit volé est encore dans la maison.

Si le significateur est en bon aspect avec Mars et avec les maîtres des maisons X ou IV, l'objet est encore dans la maison.

Si Mercure ou Mars signifie le voleur et qu'il soit bien aspecté au maître de X ou de IV, ou situé dans ces maisons, l'objet est demeuré dans la maison. Il en sera de même si la même planète est à la fois maître de l'heure et significateur.

Pour connaître le rang social du voleur.

Si le significateur est en signe violent et mal aspecté à Jupiter, Vénus ou Soleil, le voleur est d'un rang inférieur. Le significateur étant mal aspecté à Saturne, Mars, Mercure ou Lune, le voleur est un bandit de bas étage.

Au contraire, les signes humains et les aspects bénéfiques de Jupiter, Vénus ou Soleil, en font un voleur issu d'une famille honorable.

Pour savoir si le voleur est de la famille du volé.

Si le significateur du voleur est en bon aspect du maître de l'ascendant et que ledit maître soit en l'un des domiciles du significateur, le voleur est de la famille du volé. Le significateur étant en maison III ou IV et bien aspecté à leurs maîtres, le voleur est de la famille. Le maître de la maison VI étant en I, III ou IV et bien aspecté à leurs maîtres, a la même signification.

Quel est le nombre des voleurs.

Si le significateur est en signe double, fécond ou bi-corporé, les voleurs seront deux.

Si, *en outre*, le significateur est maître d'un signe double, fécond ou bi-corporé, ils seront plus de deux voleurs. L'ascendant étant dans l'un de ces signes, et la Lune aussi, accentuent la pluralité.

Le significateur en signe fixe ou aspecté ou conjoint à Saturne, indique un seul voleur.

Recommandations

Pour la recherche d'un objet perdu, il faut recourir aux règles que nous avons données, pour choisir son significateur; mais en outre, la nature de l'objet, le lieu et les circonstances de sa disparition devront s'accorder avec la nature de ce significateur et avec celle du signe qu'il occupe.

De même, la personne disparue étant connue, il faut que le significateur et le signe qu'il occupe soient analogues à la nature de cette personne.

La planète de l'heure fournira des indications sur la nature du lieu de l'accident et des circonstances qui l'ont entouré. Considérer le signe qu'elle occupera et les aspects qu'elle recevra.

En observant soigneusement les nombreuses analogies que nous avons exposées clairement, en les disposant avec discernement et à l'aide des règles déjà énoncées, on pourra obtenir de multiples détails sur les circonstances qui entoureront chaque accident, de quelque nature qu'il soit.

Nota. — Les planètes étant dans leur degré

d'exaltation agiront soudainement et violemment. En leur domicile, elles seront plus puissantes et normales.

L'exil, et la chute exacte, maléficient les influences des planètes. Il faut tenir compte de tous ces détails.

Variations des analogies

Nous avons donné un minutieux détail des analogies correspondantes aux planètes, aux signes et aux maisons. Cependant, il faut savoir que ces analogies peuvent varier en proportion des lieux et des circonstances.

Ainsi tel signe de Feu qui, dans la campagne, peut signifier le midi, ou l'été ou la chaleur, dans une ville signifiera un incendie, ou une usine, ou une gare de chemin de fer. Dans une chambre, il indiquera une cheminée, un poêle, une lampe, un fourneau. Un signe d'eau, dans une maison, peut indiquer, avec Vénus, la toilette ; avec la Lune, une fontaine ; avec Saturne, une conduite d'eau ou un réservoir ; avec Mercure, le cellier, etc...

Un signe d'air peut indiquer le plafond, la fenêtre, les tableaux, les soupiraux.

Un signe de terre indiquera le sol, la terre, les chaussures, les tapis, les lieux d'aisance.

On peut donc tout trouver, et cela d'autant mieux que chaque analogie est déterminée par ce qui l'entoure : *planètes*, *aspects*, *maîtrises*, *signes*, *maisons*. Le tout est d'y apporter de l'attention, du discernement et *surtout de l'intuition*.

Procédé particulier pour connaître la provenance des lettres anonymes

Il faut dresser le thème astrologique pour l'heure à laquelle la lettre est arrivée dans la maison de son destinataire.

Le significateur de la lettre sera le maître de la maison III, ou telle planète l'occupant et surtout Mercure, Vénus, Lune, Soleil et Jupiter, si la lettre est de bonne intention.

Sinon, la lettre étant malveillante, il faut prendre Mercure, Mars ou Saturne étant maîtres de III ou XI ou les occupant; à leur défaut, la lettre ayant un caractère menaçant, il faut prendre les maîtres de VI ou XII, surtout Mars et Saturne; Jupiter et Vénus ne peuvent dans ce cas être significateurs qu'étant mal aspectés au maître de l'ascendant.

Le signe occupé par le significateur indiquera la direction d'où émane la lettre et le maître de ce signe dénoncera l'auteur de l'anonymat. Il faut ici appliquer les mêmes règles que précédemment pour tous les cas.

Les aspects du maître de l'heure avec ceux du significateur donneront l'importance et le caractère des conséquences qu'aura cette lettre. Les aspects du significateur de l'auteur de la lettre avec le maître de l'ascendant, renseigneront sur les rapports connus ou inconnus qui existent entre ces deux personnes.

Étude sur la découverte des trésors cachés

Cette question est difficile à traiter, car la plupart du temps, on manque des éléments nécessaires à l'érection du thème.

Toutefois, le mieux serait de faire le calcul pour le jour et l'heure où l'on a appris l'existence du trésor, pour la première fois.

Si l'on ne sait que le jour et pas l'heure, il faudra calculer pour l'heure de minuit.

Si l'on a oublié le jour, il faudra ériger le thème sur l'année de naissance, pour le jour et l'heure de cette année, ou la Lune arrivera en conjonction de Jupiter (choisir de préférence le mois de naissance de la personne intéressée).

Le significateur sera le maître du signe où se trouve la roue de fortune et surtout s'il est maître de II, V ou IX et conjoint ou en bon aspect à la Lune.

Si l'on connaît la nature du trésor, il faudra prendre *Saturne* pour les vieux papiers ou reliques, Jupiter pour les titres, valeurs, testaments, legs; Mars pour les choses de guerre et surtout le fer. Le Soleil pour l'or, les bijoux en or. Vénus pour les pierres précieuses, les bronzes et les bijoux. Mercure pour les papiers d'affaires, les lettres, les bibelots. La Lune pour l'argent, les métaux, les pierres blanches, les diamants. La distance du significateur à Saturne donnera la profondeur à laquelle est enfoui le trésor, en comptant *un mètre* par signe (30°). La place du significateur dans le thème indiquera la direction par les quatre angles (voir pages 61-62), le milieu de la maison ou du lieu, étant pris pour point central ou de départ.

Dans ce cas particulier, la planète de l'heure n'est pas à considérer.

Le signe occupé par le significateur et son maître renseigneront sur la nature du lieu où se trouve le trésor, et la position du maître du signe fixera sur l'orientation ou direction, selon la place qu'il occupera dans le thème.

La profondeur à laquelle est enfouie le trésor et la nature du lieu sont encore indiquées par le maître du signe occupé par le significateur.

Si ce maître est la Lune ou Mercure, la profondeur est nulle ; si le maître est Vénus ou Mars, la profondeur est plus grande. Si le maître est le Soleil ou Jupiter, le trésor est enfoui assez profondément, et enfin, si le maître est Saturne, la profondeur est très grande, surtout si Saturne est opposé au significateur du trésor.

Nota. — La *roue de fortune* ⊕ se place à la même distance de la Lune, que l'AS est distant du Soleil.

Si le calcul est juste, il y aura la même distance entre ⊕ et AS, qu'entre Soleil et Lune.

Pour ériger un thème sans difficulté, d'après le jour et l'heure d'une naissance quelconque

Le procédé d'érection que nous avons donné page 45, est purement scientifique, et plusieurs, peu doués pour le calcul, trouveront sans doute cette opération un peu trop complexe. C'est pour suppléer à cette difficulté que nous offrons au lecteur un procédé facile de l'érection du thème natal, dont la pratique est accessible à tout le monde.

Les Éphémérides de Raphaël sont indispensables dans tous les cas, mais leur emploi est des plus simples, car il ne s'agit que d'y relever la place des planètes pour le jour de la naissance, telle qu'elle y est indiquée. Quand donc vous voudrez dresser le thème de votre naissance, envoyez une demande en Angleterre, à Londres, à cette adresse : W. Foulsham 4 Pilgrim street, E.C., et écrivez sur une feuille de papier les mots suivants : Ephemeris for the year (ici l'année de la naissance en chiffres). Signez et mettez clairement votre adresse, avec un mandat de 1 fr. 50 ; huit jours après, vous recevrez l'éphéméride donnant la position des planètes dans le Zodiaque, *pour l'année de votre naissance*. Les noms des mois sont écrits en anglais, mais néanmoins, on les reconnaît fort bien. Cherchez donc dans l'éphéméride la page où se trouve le nom de votre mois de naissance; quand vous l'aurez trouvé, il vous faudra opérer sur un thème préparé en blanc, comme en vend la librairie Daragon, 96, rue Blanche, à raison de 2 francs les cinquante ou 1 fr. 25 les vingt-cinq.

Procédé opératoire.

Chaque page des Éphémérides est divisée en deux parties ; délaissez la partie du haut, pour ne vous servir que de celle du bas. Dans cette partie de la page, ne considérez que les colonnes qui portent en tête les lettres Long (longitude). Vous verrez au-dessus de ces lettres la figure de chaque planète, selon que nous l'avons indiqué page 13 ; au-dessous de ces lettres, vous verrez un petit o qui signifie *degrés* ; et un petit accent (') qui veut dire minutes ; mais ne vous préoccupez que des degrés qui se trouvent sous le petit o. Ensuite, vous remarquerez entre les degrés et les minutes, en tête, et parfois le long des colonnes, de petits signes qui sont les signes du Zodiaque, tels qu'ils sont donnés ici page 12 : les signes ont chacun 30° d'étendue, et les chiffres qui sont *plus bas qu'eux* indiquent le nombre de degrés parcourus par la planète dans le signe où elle est, ou, plus clairement, ces chiffres donnent le numéro du degré occupé par la planète, à la date indiquée dans la première colonne. Procédez donc comme ceci :

Prenez la première colonne de gauche, marquée en haut, des lettres $\overset{D}{M}$. Cherchez dans cette colonne le quantième de votre naissance, suivez alors la ligne horizontale qui fait face à ce quantième, jusqu'au chiffre en degrés qui se trouve dans la colonne $\overset{\odot}{\text{Long}}$. Ce chiffre est le degré occupé par le Soleil, le jour de votre naissance, dans le signe dont la figure est *au-dessus* du chiffre, dans cette même colonne. Marquez donc, dans votre thème en blanc, la figure du Soleil, dans le signe indiqué et face au degré marqué. *Les degrés des signes se succèdent dans le mouvement inverse de celui des aiguilles d'une montre.* Quand vous aurez ainsi fait pour le Soleil, suivez encore la ligne horizontale qui fait face à votre quantième, jusqu'au chiffre qui se trouve dans la colonne $\overset{☾}{\text{Long}}$, et vous aurez le degré occupé par la Lune dans le signe marqué *au-dessus*. Placez votre Lune dans le thème en blanc face à son degré et dans son signe, comme pour le Soleil.

Prenez ensuite la page de droite où se trouve une autre colonne $\overset{D}{M}$, cherchez-y votre quantième, et procédez pour les autres planètes comme pour Soleil et Lune, ayant soin de marquer leur figure dans le thème en blanc, face à leur degré. Vous pourrez délaisser ♅ et ♆ comme étant inconnues des anciens et fort peu utiles.

Une fois les planètes marquées à leur place dans le thème en blanc, le plus difficile est fait.

Pour terminer, tirez une ligne droite à partir du degré où se trouve le Soleil, de façon qu'elle aboutisse au même degré du signe opposé, en passant par le centre du thème. (Fig. p. 79.)

Tracez une autre ligne, coupant la première par le milieu, à angle droit, de façon que les quatre pointes de ces lignes se trouvent distantes de 90° l'une de l'autre, et formant une croix parfaite.

Le haut de la première ligne est le méridien supérieur ou M.C. et le bas est le méridien inférieur ou F.C. La pointe gauche de la deuxième ligne est l'horizon oriental ou AS, et sa pointe droite est l'horizon occidental ou Oc^{t}. Ces quatre pointes sont celles des maisons X, IV, I et VII. Pour avoir les autres maisons, il n'y a qu'à diviser ces quatre secteurs, chacun en trois parties égales (*de 30° d'étendue*), par des lignes passant par le centre du thème et dont les pointes de chacune, soient au même degré des signes opposés. Il ne reste plus alors qu'à numéroter chaque maison en chiffres ro-

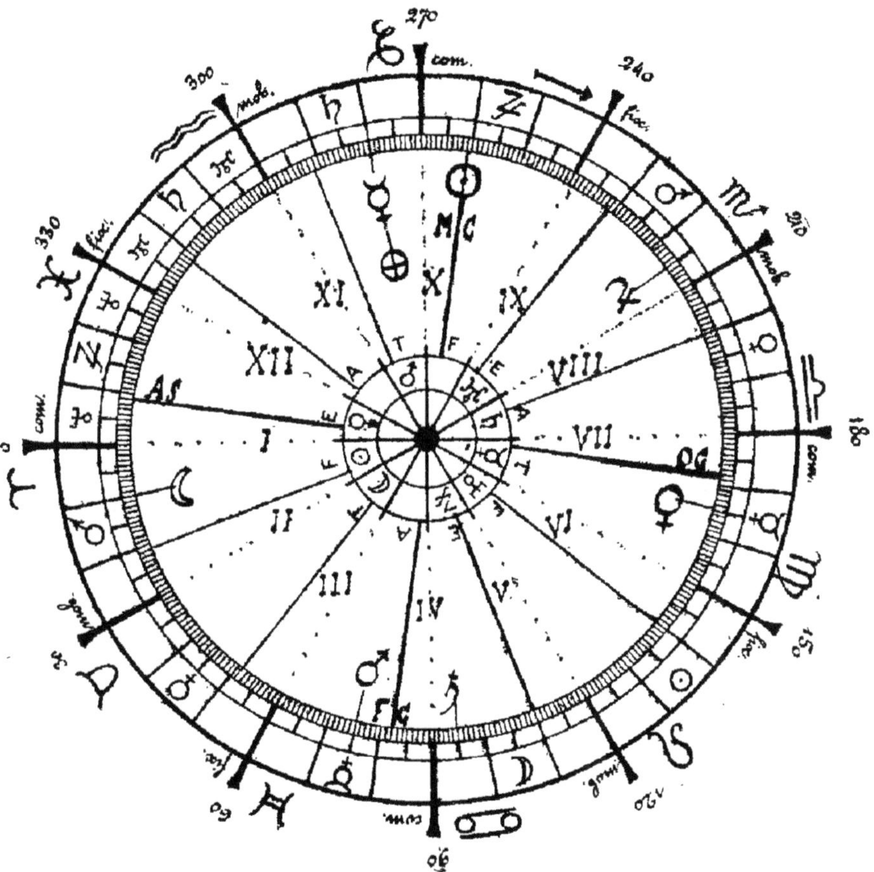

Thème érigé.

mains, comme l'indique la figure que voici.

Cette méthode procède par divisions égales (Schoner).

Nota. — Pour ceux qui seraient *certains* de l'heure de leur naissance, on peut pousser l'exactitude plus avant. Dans ce cas, marquez au crayon, sur le thème en blanc, *la place du Soleil*, donnée par l'Éphéméride, et si l'heure est avant midi, comptez *dans l'ordre des signes*, 15° par heure ou 7°,5 par demi-heure à partir du point *opposé au Soleil*.

Donc, si vous êtes né à 2 heures et demie du matin, cela fait 37°,5 à compter depuis le point *opposé au Soleil*; alors vous établirez le M.C. sur ce point et le F.C. à l'opposé.

Si, au contraire, vous êtes né l'après-midi, comptez de même 15° par heure, mais à partir du degré *occupé par le Soleil*. Les maisons, alors, s'établiront sur cette nouvelle position. *Cet avis est très important*. Il est évident que cette érection se peut faire pour tout autre événement que la naissance.

Jean Belus.

(*Voir la* **Médecine Hermétique** *de* Jean Mavéric.)

2963. — Tours, Imprimerie E. Arrault et Cie.

www.ingramcontent.com/pod-product-compliance
Ingram Content Group UK Ltd.
Pitfield, Milton Keynes, MK11 3LW, UK
UKHW021007200726
13857UKWH00004B/1325

9 782013 025270